S
2354

AF500879

ARACHNIDES RECUEILLIS

PAR Mr G. POTANINE

EN CHINE ET EN MONGOLIE

(1876—1879).

PAR E. SIMON.

(1r MÉMOIRE.)

Tiré du Bulletin de l'Académie Impériale des Sciences de St.-Pétersbourg.
Ve Série, Tome II, № 4 (Avril 1895).

St.-PÉTERSBOURG.
IMPRIMERIE DE L'ACADÉMIE IMPÉRIALE DES SCIENCES.
(Vass. Ostr., 9-ème ligne, № 12).
1895.

ИЗВѢСТІЯ ИМПЕРАТОРСКОЙ АКАДЕМІИ НАУКЪ. 1895. № 4 (АПРѢЛЬ).

(Bulletin de l'Académie Impériale des Sciences de St.-Pétersbourg. 1895. Avril. № 4.)

Arachnides recueillis par Mr G. Potanine en Chine et en Mongolie (1876—1879).

Par **E. Simon.**

(1r Mémoire.)

(Présenté le 30 novembre 1894).

Ordo ARANEAE.

Familia **Eresidae.**

1. **Eresus niger** Petagna (*cinnabcrinus* Oliv.)

Kandagatai, versant méridional de l'Altaï (12/IX 1876).

Espèce répandue dans presque toute l'Europe, le nord de l'Afrique et l'Asie occidentale; indiquée de la région transcaspienne (E. Sim.) et du Turkestan (Croneb.). L'individu trouvé à Kandagatai, appartient à la variété dont les pattes postérieures sont entièrement garnies de poils orangés, sans annulations blanches.

2. **E. tristis** Croneberg, in Fedsch. Reis. Turk., Zool. Ar. 1875, p. 44. ♂ long. 8 mm. Cephalothorax niger, parce, longe et crasse albo-pilosus, parte cephalica valde convexa et lata, crebre et sat fortiter granulosa. Oculi fere *E. nigri*. Abdomen nigrum, supra parce albido-pilosum, subtus brevius obscure fulvo-pubescens. Sternum sublaeve chelaeque nigra, nigro-crinita et parce albo-pilosa. Pedes nigri, patellis utrinque atque ad apicem, tibiis metatarsisque ad apicem pilis albis decoratis et subannulatis. Pedes-maxillares fere *E. nigri*, nigri; tibia supra pilis albis vestita.

Rivière Sotschshan, vallée sur le versant nord de la chaîne Tjan-Schan (13/VI 1877).

Décrit du Turkestan par Croneberg.

Nota. J'ajoute ici la description d'un autre *Eresus* qui m'a été envoyé des montagnes au nord de Peking, par l'abbé Provost, missionnaire Lazariste:

E. granosus sp. nov. ♂ long. 8,5 mm. Cephalothorax niger, parte cephalica valde convexa et lata, crebre et valde granulosa, nigro-sericeo-pubescente et parcissime albo-pilosa, parte thoracica humili, coccineo-pilosa. Oculi *E. nigri.* Abdomen nigrum, supra laetissime coccineo-pubescens et maculis rotundis nigris quatuor sat magnis ornatum, postice parte coccinea rotunda (haud emarginata) et linea exili albo-pilosa cinctum, subtus minus dense rufo-pubescens. Sternum nigrum, minute granulosum, antice albo-postice rufo-pubescens. Pedes nigri, quatuor antici nigro-sericeo-pilosi, quatuor postici, praesertim femoribus, parce rufo-pilosi, cuncti annulis niveo-pilosis decorati, tibiis metatarsisque posticis supra fere omnino albo-pilosis; pedes-maxillares fere *E. nigri.*

Ab *E. nigro* Petagna, cui valde affinis et subsimilis est, cephalothorace sternoque granulosis (in *E. nigro* subtilissime rugosis), sterno ventreque rufo-pilosis (in *E. nigro* obscure fusco-pilosis) facile distinguendus.

Familia **Drassidae**.

Drassodes lapidosus Walck.

Rivière Burgassutai; lac Urjuk-Nor; puits Ulan-Daban (21—22/VI 1879).

Ar. géogr.: Europe; Région méditerranéenne; Chine: Peking (E. Sim.); Kamtschatka (Kulcz.); Amérique sept.

D. troglodytes C. Koch.

Metschin-Ola; chaîne au N. du Tjan-Schan (15/V 1877).
Nan-Schan-Kou, versant mérid. du Tjan-Schan (27/V 1877).

Ar. géogr.: Europe; Région méditerranéenne; Iles Açores; Asie centrale: Yarkand (Cambr.).

D. infletus Cambr.

Steppe du Tschui (11—12/VI 1879].

Décrit du Yarkand par Cambridge.

D. nigrosegmentatus sp. nov.

♂ (pullus) long. 7,5 mm. Cephalothorax oblongus, sublaevis, obscure fulvo-rufescens, pilis longis et pronis albo-sericeis vestitus. Oculi antici sat magni et aequales, in lineam recurvam, medii a lateralibus anguste separati sed inter se spatio oculo vix angustiore distantes. Oculi postici minores, inter se subaequales, lineam evidenter procurvam designantes, medii subtriquetri a lateralibus quam inter se plus duplo remotiores sed spatio oculo paulo latiore a sese distantes. Area mediorum subparallela et longior quam latior. Abdomen oblongum, depressum, fulvo-testaceum, albo-sericeo-pilosum, in parte basali linea longitudinali apice bifida, in parte altera arcubus transversis valde angulosis 5—6 et in lateribus zonis obliquis nigricantibus insigniter ornatum. Sternum, chelae, pedesque fulvolutea. Sternum planum et longum, antice posticeque attenuatum. Pedes sat robusti et longi, tarsis cunctis metatarsisque quatuor, anticis usque ad basin sat crasse scopulatis. Tibiae anticae aculeo inferiore submedio, metatarsi aculeis basilaribus binis armati. Pedes postici numerose aculeati, tibiis aculeis inferioribus lateralibus et dorsalibus binis munitis.

Koschöty-Daban, versant N. de la chaîne du Tjan-Schan (24/V 1877).

Espèce facile à distinguer de toutes ses congénères par le dessin de son abdomen qui rappelle celui de *Clubiona corticalis* Walck., ou mieux celui de *Liocranum rupicola* Walck.

D. sollers sp. nov.

♀ long. 8 mm. Cephalothorax fulvo-rufescens, antice leviter infuscatus, haud marginatus, laevis, longe albido-pilosus, parte cephalica sat convexa et parum attenuata. Oculi antici in lineam rectam compactilem, medii lateralibus saltem duplo majores et inter se quam a lateralibus paulo remotiores. Oculi postici (superne visi) in lineam subrectam, medii lateralibus paulo majores sed multo minores quam medii antici, leviter angulosi, a lateralibus quam inter se remotiores sed spatio oculo saltem haud angustiore a sese distantes. Area mediorum subparallela et paulo longior quam latior. Abdomen oblongum, fulvo-testaceum, albido-pubescens. Chelae rufescentes, robustae, margine inferiore sulci valde bidentato. Sternum pedesque lurido-rufescentia. Pedes sat breves, tibia 1ⁱ paris aculeis gracilibus biseriatis 3—3 et tibia 2ⁱ paris aculeis similibus 3 uniseriatis, subtus armatis, et metatarsis aculeis basilaribus binis robustioribus munitis, tibiis metatarsisque posticis sat numerose aculeatis sed tibiis aculeis dorsalibus carentibus. Vulva simplex, fovea magna nigra, ovato-transversa et crasse nigro-marginata impressa.

Vallée de Dserge et rive mérid. du lac Chara-Ussu (7—12/IV 1877).

Assez voisin des *D. hispanus* L. Koch et *hypocrita* E. Sim., d'Europe; il s'en distingue surtout par ses pattes plus courtes, ses yeux médians antérieurs au moins deux fois plus gros que les latéraux etc.

Gnaphosa Potanini sp. nov.

♀ long. 12 mm. Cephalothorax parum convexus, antice valde attenuatus et fronte sat angusta, tenuiter marginatus, rufescens, pilis crassis, pronis, cinereo-albidis crebre vestitus. Oculi quatuor antici inter se subaequales, in lineam compactilem procurvam ordinati, medii inter se quam a lateralibus paulo remotiores. Oculi postici in lineam recurvam, anticis paulo minores, medii plani, subangulosi, inter se anguste separati. Area mediorum subparallela et paulo longior quam latior. Clypeus oculis anticis haud duplo latior. Abdomen ovatum, depressiusculum, fuscum, creberrime fulvo-cinereo-pubescens et parce setosum, parum distincte et minute fusco-punctatum. Chelae nigrae. Sternum, partes oris pedesque pallide fusco-rufescentia, tibiis quatuor anticis aculeo parvo apicali tantum armatis, metatarsis aculeis submediis binis aculeoque apicali minore instructis, tibiis metatarsisque posticis numerose aculeatis, tibia 3[i] paris aculeo dorsali subbasilari munita sed tibia 4[i] paris aculeo dorsali carente. Tarsi metatarsique quatuor anteriores fere usque ad basin sat crebre scopulati. Vulva fovea anteriore obtuse trapeziformi, fere aeque longa ac lata, plagulaque postica nigra, parte media subparallela rugosa et utrinque parte laterali angustiore et laevi notata.

Vallée de Dserge et rive mérid. du lac Chara-Ussu (7—12/IV 1877); Udsjur (Mingyn) au Gobi (24/VI 1877); sources de la rivière Toshongty au versant occ. du Sailugem (14/VI 1879).

Espéce remarquable différant surtout des européennes par ses yeux antérieures égaux, sans doute voisine des *G. Stoliczkae* et *maerens* Cambr., du Yarkand, mais en différant par la structure de l'orifice génital.

G. mongolica sp. nov. ♀ long. 10 mm. Cephalothorax, sternum, pedesque pallide fusco-rufescentia, crebre cinereo-sericeo-pubescentia. Abdomen obscure testaceum, crebre cinereo-pubescens, minute et parce fusco-punctatum. Praecedenti valde affinis sed differt cephalothorace paulo convexiore, oculis anticis inter se anguste sed aeque separatis, mediis lateralibus vix minoribus, tibia 1[i] paris subtus aculeis apicalibus binis aculeoque submedio gracilibus, tibia 2[i] paris aculeis similibus biseriatis 3—2 armatis, metatarsis aculeis submediis binis robustioribus munitis sed aculeis apicalibus carentibus, tibiis quatuor posticis aculeo dorsali subbasilari armatis. — Vulvae fovea antica magna, transversim semicircularis, margine antico processu plicato, breviter transverso munita, plagula postica nigro-rufula tripartita: parte media reliquis angustiore, lateralibus obliquis.

Vallée de Dserge et rive mérid. du lac Chara-Ussu (7—12/IV 1877); Rivière Chui-Su, versan, N. du Tjan-Schan (22/V 1877); poste de Saissan (30/VII 1877).

Familia **Theridiidae.**

Lithyphantes corollatus Linn.

Vallée de Chatu (vers. or. du Sailugem, 10/VI 1879); Sources de la riv. Toshougty (Sailugem 22/V 1877); Steppe du Tschui (11—12/VI 1879); Saissan (VII 1877).

Ar. géogr.: Europe, Région méditerranéenne; Jenisei (L. Koch); Turkestan (Croneb.); Amérique sept.

Familia **Argiopidae.**

Linyphia triangularis Cl.

Kandagatai, versant mérid. de l'Altaï (22/IX 1876).

Ar. géogr.: Europe, Barbarie; Sibérie: reg. du Jenisei (L. Koch).

Argiope lobata Pall.

Riv. Kran, dans la vallée de l'Irtyche Noire (Tschorny-Irtych) (28/VIII 1876).

Ar. geogr.: Région méditerranéenne; Iles Canaries; presque toute l'Afrique; Région transcaspienne (E. Sim.); Turkestan (Croneb.); Indes.

Araneus (Epeira) mongolicus sp. nov.

♂ long. 20 mm. Cephalothorax fulvo-rufescens, crasse albo-pubescens, striis divaricatis confuse infuscatis notatus, fronte sat angusta et laciniosa, oculorum tuberculis trinis prominentibus. Abdomen sat parvum, obscure fulvum, punctis depressis fuscis profunde impressum, setis validis et longis albis, ad radicem minute fuscis, conspersum. Sternum et partes oris nigricantia sed laminae intus late testaceo-marginatae. Pedes fulvo-ravidi, annulati, longe et numerose aculeati, aculeis fulvis ad radicem fuscis. Coxae 1ⁱ paris apice, ad angulum posteriorem, processu nigro obtuso et curvato munitae. Coxae 2ⁱ paris, subtus, prope basin, tuberculo fulvo minutissimo munitae. Tibiae 2ⁱ paris tibiis 1ⁱ paris breviores sed paulo crassiores et leviter curvatae, intus, in parte apicali, aculeis nigris robustis et dentiformibus 8—10, parum regulariter biseriatis, instructae. Metatarsi antici seriebus inferioribus aculeorum 12—15 et tarsi aculeis minoribus 2—2 armati. Tarsi 3ⁱ paris mutici, sed tarsi 4ⁱ paris subtus aculeis uniseriatis 4 vel 5 aculeisque exterioribus longioribus 2 vel 3 armati. Pedum-maxillarium patella paulo latior quam longior, supra, ad apicem, setis rigidis et erectis longissimis armata; tibia patella brevior, multo latior quam longior, extus ampliata et obtuse truncata; tarsus apophysi basali tereti, uncata et apice truncata munitus; bulbus magnus et valde complicatus.

♀ long. 25 mm. Cephalothorax luteus, crasse albo-pubescens, parte thoracica utrinque late fusco-marginata, parte cephalica fusco-castanea, antice dilutiore et lineata. Oculi medii inter se subaequales, aream paulo longiorem quam latiorem et antice quam postice latiorem occupantes, spatio inter posticos oculo angustiore, inter anticos oculo saltem dimidio latiore. Clypeus oculis anticis saltem triplo latior. Abdomen magnum, convexum, antice angulis humeralibus munitum, fere ut in *A. angulato* Cl. pictum, subtus, utrinque pallide fulvum, in medio vitta nigra integra, antice latissima, postice sensim angustiore notatum. Chelae fulvae, apice sensim infuscatae. Sternum nigrum. Pedes robusti, luteo-rufuli, femoribus infuscatis confuse luteo-biannulatis, patellis, tibiis, metatarsis tarsisque apice nigro-annulatis, tibiis metatarsisque annulo medio minore et parum expresso munitis, aculeis numerosis fulvis, ad radicem fuscis. Scapus vulvae utrinque plagula nigro-nitida semicirculari et postice plagula transversa dilutiore et striata munitus (unco detrito).

Voisin de *A. (Epeira) tartaricus* Croneb., dont il diffère surtout par la structure de l'Epigyne, d'après Croneberg en effet les parties latérales du scape de l'*A. tartaricus* sont contiguës. Il serait utile de comparer cette espèce à *A. (Epeira) sentus* Karsch du Japon.

Poste de Saissan (8 et 20/VII 1876; 30/VII 1877).

A. (Epeira) diadematus Clerck.

Kandagatai (versant mérid. de l'Altaï) (12/IX 1876).

Ar. géogr.: Europe, Islande, Kamtschatka (Kulcz.), Canada.

A. (Epeira) ixobola Thorell.

Rivière Kran, dans la vallée de l'Irtych Noire (28/VIII 1876).

Ar. géogr.: Europe centrale et orientale.

A. (Epeira) Potanini sp. nov.

♀ 8 mm. Ab *A. cornuto* Cl., cui valde affinis et subsimilis est, tantum differt structura vulvae. Vulvae fovea ovato-transversa, fere duplo latior quam longior, nigro-marginata sed postice minute aperta, tuberculis duobus deplanatis fere semicircularibus et leviter sinuoso-impressis praedita, uncus minutus niger, sulcum medium (inter tubercula) occupans, brevis, marginem posticum vulvae haud attingens, a basi ad apicem leviter ampliatus atque obtusus. — In *A. cornuto* Cl. parte postica vulvae multo majore et laete rufula, unco minuto testaceo et tenui. — Ab *A.* (*Epeira*) *vicarius* Kulcz., differt structura vulvae, in *A. vicario* (sec. cel. Kulczinski) parte posteriore fusco-lutea, transversa et convexa, antice in medio longitudinaliter carinata, parte anteriore fere pentagona anterius rufa posterius nigra, margo ejus in scapum elongatum rufulum brevem et tenuem, partem posticam vulvae non attingentem, anguli laterales postici in lamellas breves producti, inter se subparallelas deorsum et retro directas (cf.: Aran. Camtschadl. etc. p. 22).

Altyn-Chatysyn et Rivière Kub (18—19/VI 1879); poste de Saissan (30/VII 1877).

A. (Epeira) ceropegia Walck.

Kandagatai, sur le vers. mérid. de l'Altaï (12/IX 1876); à la résidence du prince Dsassakta-Chan (14/VII 1877).

Ar. géogr.: Europe; Région transcaspienne (E. Sim.); Turkestan (Croneb.); Kamtchatka (Kulcz.); Amérique sept. (*Epeira aculeata* Emert.).

A. (Epeira) adianta Walck.

Selib-Tschij, ouest du lac Uljungur (9/IX 1876).

Ar. géogr.: Europe; Région méditerranéenne; Turkestan (L. Koch, Croneb.); Sibérie: Jenisei (L. Koch); Japon (Karsch).

A. (Singa) pygmaeus Sund.

Riv. Sotschshan, au nord de la chaîne du Tjan-Schan (13/VI 1877).

Ar. géogr.: Europe; Turkestan (Croneb.); Sibérie: Jenisei (L. Koch).

Tetragnatha extensa L.

Riv. Kran dans la vallée de l'Irtych Noire (28/VIII 1876); Kandagatai, sur le versant mérid. de l'Altaï (12/IX 1876).

Ar. géogr.: Europe; Région méditerranéenne; Iles Açores; Région transcaspienne; Turkestan (Croneb.); Yarkand (Cambr.) Jenisei (L. Koch); Amérique du Nord.

Familia **Thomisidae.**

Thomisus albus Gmelin (*onustus* Walck.)

Riv. Kenderlik dans les montagnes de Tarbagatai (3/VIII 1876); Nan-Schan-Kou au pied mérid. du Tjan-Schan (10/VI 1877); Poste de Saissan (30/VII 1877); Riv. Burgassutai, du lac Urjuk-Nor au piuts Ulan-Daban (21—22/VI 1879); Charka (21/VII 1879).

Ar. géogr.: Région méditerranéenne; Afrique orientale (Pavesi); Région transcaspienne (E. Sim.); Turkestan (Croneb.); Chine: Peking (E. Sim.).

T. Grubei sp. nov.

♀ long. 7 mm. — A *Th. albo* et *albenti* Cambr. differt area oculorum mediorum subparallela, postice quam antice vix latiore, tuberculis angularibus frontis humilioribus et obtusioribus fere *Thomisi hilaruli* E. Sim., tibiis anticis inferne seriebus duabus aculeorum 4—6, tertiam partem articuli attingentibus (in *Th. albo* dimidium apicale haud superantibus), metatarsis aculeis debilioribus et longioribus 5—5 subtus armatis. Cephalothorax valde coriaceus et obscure fulvus, vitta media lata albida et laeviore notatus, fronte tuberculisque angulorum albo-opacis. Abdomen, sternumque albida. Pedes-maxillares pedesque lutei.

Solib-Tshij., à l'ouest du lac Uljungur (9/VIII 1876).

J'avais pensé rapporter cette espèce au *Th. albens* Cambr. du Yarkand, mais l'auteur décrit le groupe oculaire médian comme étant beaucoup plus étroit en avant qu'en arrière. Il me parait probable que le *Th. albidus* du même auteur est synonyme du *Th. albus* Gmel.

Xysticus cristatus Clerck.

Nan-Shan-Kou, au pied mérid. du Tjan-Shan (10/VI 1877).

Ar. géogr.: Europe; Turkestan (Croneb.); Yarkand (Cambr.); Jenisei (L. Koch).

Xysticus altaicus sp. nov.

♀ long. 5 mm. — A *X. striatipedi* L. Koch, cui valde affinis et subsimilis est, tantum differt apophysi tibiali inferiore apice rotunda (in *X. striatipedi* apophysi apice recte secta), vitta media abdominis profundius laciniosa fere ut in *X. cristato* Cl., metatarsis quatuor anticis aculeis inferioribus et utrinque aculeis lateralibus binis instructis (in *X. striatipedi* aculeo laterali utrinque unico armatis).

Kandagatai, sur le vers. mérid. de l'Altaï (12/X 1876).

Tibellus oblongus Walck.

Koschöty-Daban, au pied N. du Tjan-Shan (24/V 1877).

Ar. géogr.: Europe; Région méditerranéenne; Région transcaspienne (E. Sim.); Turkestan (Croneb.); Chine; Kamtschatka (Kulcz.); Amérique du Nord.

Thanatus Cronebergi sp. nov.

♀ long. 5 mm. Cephalothorax evidenter longior quam latior, fulvo-rufescens, albo-luteo-pubescens, vitta media latissima dilutiore et albo-pubescente notatus. Oculi antici in lineam sat procurvam, medii lateralibus minores et inter se quam a lateralibus remotiores. Oculi postici parvi et aequales. Area mediorum longior quam latior, oculi medii antici posticis paulo majores. Clypeus area oculorum mediorum saltem haud angustior et leviter proclivis. Abdomen anguste oblongum, pallide luteum et albido-pubescens, in parte basali vitta longitudinali fusca, leviter rhomboidali et apice acuta notatum. Sternum, chelae, pedes-maxillares pedesque luteo-rufescentia nec lineata nec punctata, aculeis ordinariis. Plaga vulvae paulo longior quam latior, utrinque rotunda et marginata, plagulam mediam cordiformem nigram includens.

Udsjur (Mingyu) au Gobi (24/VI 1877).

Voisin de *Th. flavidus* E. Sim. (*testaceus* Thorell), de la Russie méridionale; il s'en distingue surtout par l'absence de lignes brunes au céphalothorax, par l'extrémité de l'abdomen non rembrunie et par la forme de la plaque génitale.

Familia **Clubionidae.**

Micaria quinquenotata sp. nov.

♀ long. 4 mm. Cephalothorax angustus, sublaevis, fuscus nigerve, squamulis pronis fulvo-roseo-micantibus uniformiter obtectus (nec lineatus nec maculatus). Oculi antici aequi, in lineam valde procurvam, medii inter se distantes sed a lateralibus vix separati. Oculi postici anticis minores, in lineam minus procurvam, medii inter se quam a lateralibus distantiores. Sternum chelaeque nigricantia, haud squamulata. Abdomen longum et cylindratum, nigrum, supra squamulis aeneis, subtus squamulis viridibus nitidissimis laete vestitum, supra puncto medio et utrinque punctis binis elongatis et obliquis argenteo-squamulatis decoratum. Pedes longi, fulvi et albido-squamulati, femoribus, praesertim anticis, infuscatis, tibiis quatuor anticis inferne aculeis parvis quatuor minutis, metatarsis tarsisque anticis longe et rare scopulatis. Mamillae testaceae. Pedes-maxillares fulvi. Plaga vulvae rufula, magna et subquadrata, carinulis nigris binis longitudinalibus et subparallelis ornata.

♂ long. 4,2 mm. Feminae differt chelis longioribus, antice subtiliter coriaceis et parcissime granulosis, in lateribus transversim striolatis, pedibus longioribus, fulvis, coxis femoribusque, praesertim anticis, nigris. — Pedes-maxillares longi et graciles, fusco-castanei, femore nigro; femore subrecto, subtus leviter convexo; patella fere duplo longiore quam latiore, cylindracea; tibia patella longiore omnino mutica sed ad apicem sat abrupte incrassata et subtus convexa, supra, imprimis ad apicem, sat rude setosa; tarso anguste ovato et obtuso, tibia vix longiore; bulbo ovato et simplici.

Vallée de la Riv. Chatu (versant orient. du Sailügem) (10/VI 1879); Riv. Burgassutai, du lac Urjuk-Nor au piuts Ulan-Daban (21—22/VI 1879).

Cette espèce se rapproche de *M. scenica* E. Sim., des Alpes, elle en diffère par l'absence des deux ceintures blanches de l'abdomen et chez le mâle par la patte-mâchoire beaucoup plus grêle avec le tibia entièrement mutique. Elle doit se rapprocher de *M. pygmaea* Croneb., mais elle en diffère certainement par l'absence de tache au céphalothorax et par la taille au moins deux fois plus grande.

M. aciculata sp. nov.

♂ long. 3,2 mm. Cephalothorax angustus, sublaevis, niger, squamulis pronis roseo-micantibus uniformiter vestitus. Oculi antici inter se subaequales, in lineam valde procurvam, medii inter se distantes a lateralibus angustius separati. Oculi postici anticis minores, in lineam leviter procurvam, medii inter se quam a lateralibus multo remotiores. Sternum cheleaque nigra, haud squamulata. Chelae subtiliter transversim striolatae. Abdomen angustum, cylindraceum, nigrum, supra laete viridi-squamulatum, subtus splendide roseo-squamulatum et ad rimam genitalem vitta transversa albo-opaca notatum. Pedes mediocres fulvi, coxis femoribusque infuscatis, tibiis quatuor anticis muticis. Pedes-maxillares nigricantes, sat breves; femore robusto; patella non multo longiore quam latiore; tibia patella vix longiore, subparallela, supra, ad apicem, apophysi gracili, sat longa et antice recte directa armata; tarso ovato, tibia cum patella simul sumptis vix breviore; bulbo ovato, simplici.

Aux sources de la riv. Toschougty, sur le versant occid. du Sailügem (14/VI 1870).

Espèce voisine de la précédente, dont elle diffère par sa patte-mâchoire beaucoup plus courte avec le tibia armé d'une apophyse supérieure, par la coloration de son abdomen et l'absence d'épines aux tibias antérieurs. Elle parait également voisine de *M. pygmaea* Croneb., mais elle en diffère par l'absence de tache blanche au céphalothorax et par la structure de la patte-mâchoire du mâle.

Chiracanthium punctorium Villers.

Poste de Saissan (30/VII 1877); Riv. Kenderlik, dans les montagnes de Tarbagataï (3/VIII 1876).

Ar. géogr. Europe.

C'est peut-être l'espèce indiquée du Turkestan par Croneberg sous le nom de *Ch. nutrix* Walck.

Sparassus Potanini sp. nov.

♂ long. 15 mm. Cephalothorax fulvo-rufescens, regione frontali leviter infuscata, albo-sericeo-pubescens. Oculi antici magni, in lineam leviter procurvam, medii lateralibus paulo majores et inter se paulo remotiores sed spatio dimidio diametro oculo angustiore a sese distantes. Oculi postici in lineam plane rectam, a sese fere aequidistantes, medii lateralibus paulo minores. Area oculorum mediorum paulo longior quam latior et antice quam postice paulo angustior, oculi medii antici posticis minores. Clypeus oculis mediis anticis haud latior. Sternum fulvum, pubescens. Abdomen fulvum, supra, antice vitta longitudinali paululum rhomboidali, postice lineolis transversis arcuatis, in lateribus punctis numerosis, lineolas designantibus, fuscis ornatum, subtus concolor. Pedes longi, fulvo-ravidi, versus extremitates sensim infuscati. Tibia 4[i] paris cephalothorace longior, aculeis lateralibus et inferioribus armata sed aculeis dorsalibus carens. Patellae cunctae utrinque uniaculeatae. Pedes-maxillares fulvi apice nigri; patella longiore quam latiore subparallela, aculeo exteriore submedio tantum armata; tibia patella paulo longiore, ad basin graciliore, ad apicem, praesertim extus, incrassata, pluriaculeata, apophysi articulo haud breviore, recta, antice et infra directa, ad basin crassa, convexa et subtus leviter angulosa, ad apicem angusta, compressa et acuta; tarso magno et ovato; bulbo ovato, plica longitudinali secto.

Nan-Shan-Kou, au pied mérid. du Tjan-Shan (10/VI 1877).

Voisin des *S. Walckenaeri* Aud., *Fontanieri* E. S. et *oculatus* Croneb., il s'en distingue surtout par ses yeux de la 2e ligne aequidistants et ses tibias postérieurs dépourvus d'épines dorsales. Il diffère de *S. tersa* C. Koch (*Doriae* E. Sim.) par son apophyse tibiale dirigée obliquement en bas et dilatée à la base.

Familia **Lycosidae.**

Lycosa singoriensis Laxm.

Rives du lac Uljungur (15/VIII 1876); la riv. Sotschshan au N. de la chaîne du Tjan-Shan (13/VI 1877).

Ar. géogr.: Russie méridionale; Région transcaspienne; Turkestan.

Lycosa pastoralis E. Simon.

Selib-Tschij à l'ouest du lac Uljungur (9/VIII 1876); Metschin-Ola, montagnes au N. du Tjan-Shan (15/V 1877).

Connu seulement jusqu'ici des Alpes d'Europe. Les individus de Mongolie diffèrent de ceux d'Europe par leur sternum plus noir; le tarse et le bulbe de leur patte-mâchoire plus gros chez le mâle.

Lycosa latefasciata Croneberg.

Marais dans le passage du Tjan-Shan (8000') (25/V 1877).

Ar géogr.: Turkestan (Croneb.)

Lycosa pulverulenta Cl.

Koschöty-Daban, au pied N. du Tjan-Shan (24/V 1877).

Ar géogr.: Europe; Kamtschatka (Kulcz.)

Evippa onager sp. nov.

♀ long. 8 mm. — Cephalothorax forma ordinaria, omnino nigricans, haud vittatus, uniformiter et crebre cinereo-pubescens. Oculi antici inter se aequidistantes, in lineam procurvam, medii lateralibus circiter $\frac{1}{3}$ majores. Oculi quatuor postici, superne visi, aream subquadratam, postice quam antice vix latiorem, occupantes. Abdomen breviter ovatum, atrum, immaculatum, obscure fulvo-pubescens. Sternum nigrum. Chelae obscure rufescentes, laeves. Pedes longi, obscure fulvi, femoribus supra confuse fusco-variatis. Tibiae anticae subtus aculeis longis, leviter elevatis 5—5, apicem articuli versus sensim brevioribus, metatarsis aculeis similibus 3—3 subtus armatis. Plaga vulvae minuta, depressa et ovata, paulo longior quam latior, testacea et tenuiter rufulo-marginata, carinula media angusta, marginem anticum haud attingente, postice leviter dilatata et rhomboidali notata.

Nan-Shan-Kou, au pied mérid. du Tjan-Shan (27/V 1877).

Sans doute voisin de *E. (Lycosa) aculeata* Croneb., mais en diffère par le céphalothorax unicolore et les tibias antérieurs ne présentant en dessous que 5—5 épines. Il diffère de *E. (Lycosa) concolor* Croneb., par ses pattes beaucoup plus longues.

Familia **Attidae.**

Yllenus hamifer sp. nov.

♂ long. 6 mm. Cephalothorax altus, oculorum serie 3ª non multo latior, parte cephalica valde, thoracica leviter declivibus, niger, pilis squamosis lanceolatis albidis et fulvo-aurantiacis mixtis, crebre vestitus, parte cephalica vittis quatuor latis sed parum expressis obscurioribus notata. Pili oculorum et clypei densi et longi nivei. Oculi antici in lineam valde recurvam, spatio inter medios et laterales diametro lateralium vix angustiore. Chelae sternumque nigra, longe niveo-pilosa. Abdomen breviter ovatum, postice subacuminatum, supra squamulis albidis rufulisque mixtis, subtus squamulis omnino niveis crebre vestitum. Pedes lutei, coxis, trochanteribus femoribusque niveo-pilosis, reliquis articulis fulvo-squamulatis et parce setosis, valde inaequales, postici anticis multo longiores, fasciculis unguicularibus magnis muniti, aculeis pellucentibus, robustis, fere ut in *Y. arenario* ordinatis. Pedes-maxillares luridi, albo fulvoque squamulati et hirsuti; femore crasso et compresso subclaviformi; patella subparallela, paulo longiore quam latiore; tibia patella plus duplo breviore, oblique secta, ad angulum exteriorem breviter et obtuse producta et apophysi brevi, acuta et infra directa, instructa; tarso sat angusto sed valde compresso et cariniformi, ad apicem in processum longissimum cylindraceum et incurvum insigniter producto; bulbo discoidali, fusco, stylo libero nigro, longo et circulum formante, munito.

♀ long. 6—7 mm. Cephalothorax abdomenque squamulis albis fulvisque mixtis dense vestita. Pili oculorum et clypei pallide flavescentes. Clypeus, sub oculis mediis, pilis niveis, aream transversam designantibus, notatus.

Pedes-maxillares lutei, albo-squamulati et hirsuti. Plaga vulvae magna, semicircularis, fulva et laevis, carinula media rufula, postice bifida et emarginata, notata.

Rive orient. du lac Uljungur, près du mont Salburty (16/VIII 1876); vallée de Dserge, au pied N. de l'Altaï (11/IVI 1877); vers. orient. du Sailügem (10/VI 1879).

Cette espèce appartient à un groupe particulier à l'Asie centrale dont une espèce a été décrite et figurée par Croneberg sous le nom d'*Attus elegans*. *Y. hamifer* diffère surtout de *Y. elegans* par le fémur de sa patte-mâchoire dépourvu de dent en dessous chez le mâle et sa coloration générale plus blanche.

Y. flavociliatus sp. nov.

♀ long. 5 mm. Ab *Y. hamifero*, cui affinis est, differt praesertim pilis oculorum laete flavidis, pilis clypei longis et niveis, vittam angustam transversam designantibus, spatio inter oculos medios et laterales anticos angustiore, plagula vulvae antice utrinque fovea subrotunda et in medio area convexa laevi et subquadrata, notata.—Cephalothorax squamulis cinereis, luteis rufulisque mixtis crebre vestitus. Abdomen similiter squamulatum et lineis transversis obscurioribus 2 vel 3 valde arcuatis et sinuosis, ornatum. Sternum, coxae venterque omnino niveo-squamulata et pilosa. Pedes-maxillares pedesque lutei, albo luteoque hirsuti et squamulati, ut in praecedenti aculeati.

Steppe sablonneuse à l'est du lac Zizik-Nor (18/IV 1877).

Espèce voisine de la précédente et de *Y. elegans* Croneb.; je n'en connais que la femelle.

Ordo OPILIONES.

Phalangium consputum sp. nov.

♂ long. 5 mm. Cinereo-testaceum, cephalothorace antice in medio et in lateribus albidiore sed punctis lineisque ramosis et impressis, nigricantibus notato, abdomine punctis impressis, parum regulariter transversim seriatis, maculisque majoribus et biseriatis notato. Cephalothorax, ante tuber, area magna denticulorum numerosorum (plus 20), in lateribus denticulis similibus, zonas obliquas parum regulares designantibus, atque ad marginem posticum serie denticulata transversa munitus. Abdomen denticulis multo minoribus, series transversas sex formantibus, notatum. Margo anticus cephalothoracis arcuatus et convexus. Spatium membranaceum muticum. Tuber oculorum a margine antico longe remotum, albidum, superne visum, paulo longius quam latius, canaliculatum et utrinque denticulis parvis et aequis quinque armatum. Corpus subtus coxaeque laevia et albida, coxae leviter fulvo-punctatae. Chelae luridae, articulo basali fulvo-punctato, articulo apicali utrinque ad basin fulvo-striolato atque ad apicem, prope radicem unguis, fusco-notato, articulo basali in medio, apicali in dimidio basilari spinulis minutis paucis armatis. Pedes-maxillares luridi, patella tibiaque intus rectis nec inflatis nec insigniter pilosis, femore et subtus et supra tuberculis sat parvis numerosis et inordinatis munito, patella tibiaque intus et subtus spinulis minutis et inordinatis, tarso subtus spinulis similibus sed biseriatis instructis. Pedes mediocres, pallide luridi, trochanteribus femoribusque ad apicem, patellis tibiisque plus minus fusco-variatis et sublineatis, articulis cunctis teretiusculis haud angulosis, spinulis parvis, numerosis et inordinatis (haud seriatis) armatis.

♀ Mari subsimilis sed corpore crassius ovali, denticulis minoribus et paucioribus armato, pedibus-maxillaribus pedibusque omnino muticis.

A la résidence du prince Dsassakta-Chau (14/VII 1877).

Espèce assez voisine du *P. parietinum* de Geer, dont il se distingue surtout par les articles de ses pattes cylindriques et pourvus de petits spinules irréguliers non sériés.

P. Potanini sp. nov.

♂♀ long. 5 mm. — Corpus ovale, subtilissime rugosum, sublaeve, supra cinereo-fulvum, abdomine transversim infuscato, in medio parce et minute, in lateribus densius et grossius albido-punctato et linea media longitudinali albida saepe interrupta ornato. Cephalothorax, ante tuber, lineis binis subgeminatis albidis et seriebus duabus dentium parvorum et aequalium 5—6, utrinque, secundum tuber, dentibus minoribus 3—4 munitus. Tuber oculorum albidum, superne visum, subrotundum (vix longius quam latius) et vix canaliculatum, utrinque serie ex dentibus parvis 6 aequis et aequidistantibus et pone oculos dentibus binis similibus instructum. Abdomen omnino muticum. Corpus subtus omnino album. Chelae, pedes-maxillares pedesque lutei, articulis principalibus apice confuse infuscatis. Chelae omnino laeves et muticae. Pedum-maxillarium tibia patellaque cylindraceae, intus nec pilosae nec inflatae; tibia patella paulo longior; tarsus tibia cum patella multo longior. Pedum femora antica teretiuscula, postica leviter angulosa, seriebus quatuor ex tuberculis parvis, aequis et numerosis armata; patellae subangulosae, minute seriatim tuberculatae; tibiae parium 1ª, 3ª et 4ª distincte angulosae, 2ⁱ paris cylindraceae et submuticae; tibia 1ⁱ paris carinis inferioribus minute serratis; tibiae posticae carinis inferioribus et lateralibus minutissime serratis; metatarsi cuncti cylindracei et mutici.

Sur la rivière Irtych Noire (Tschorny-Irtysch) au dessus de l'embouchure de la riv. Kran (25/VIII 1876); au poste de Saissan (15—30/VII 1877).

Assez voisin de *P. Canestrinii* Thorell, d'Europe.

Egaenus insolens sp. nov.

♂ long. 5—6 mm. Corpus elongatum depressum, duriusculum et coriaceum, postice leviter attenuatum atque obtusum, suprà pallide fuscum, cephalothorace late fulvo-variato, abdomine parce et minute fulvo-punctato. Cephalothorax, ante tuber, dentibus parvis et acutis, inordinatis 10—12 et utrinque dentibus similibus paucis munitus, sed ad marginem anticum, dentibus seriatis 15—20 multo majoribus, contiguis et erectis, coronam designantibus, ornatus, utrinque ad marginem parcius denticulatus. Abdomen submuticum, antice et postice tuberculis minutissimis, vix perspicuis, transversim seriatis, tantum munitum. Corpus subtus albidum, laeve, coxae fulvo-variatae, ad marginem posticum dentibus paucis munitae. Tuber oculorum parvum, humile et remotum, longius quam latius, albidum, spinulis minutissimis biseriatis munitum. Chelae sat validae, obscure fulvae, articulo basali supra convexo et dentibus inordinatis 5—7 iniquis (uno reliquis multo longiore) armato, articulo apicali ad basin leviter prominulo et rugoso, dein subparallelo et laevi, digitis validis. Pedes-maxillares robusti; femore brevi et curvato, tuberculis numerosis, inferne inordinatis, superne triseriatis (tuberculo angulari reliquis majore); patella tibiaque subaequis, numerose et subinordinate tuberculatis; tarso mutico, cylindraceo, apice leviter incrassato. Pedes breves, fulvi, rufescenti-variati, a sese valde dissimiles, antici reliquis multo robustiores, femore late clavato et supra et subtus parum regulariter seriatim tuberculato, tuberculis superioribus inferioribus longioribus, tibia crassa et leviter ovata, supra mutica, subtus valde biseriatim tuberculata, metatarso sat gracili et leviter curvato, subtus crebre nigro-granuloso; reliqui pedes subteretes, femoribus parum regulariter seriatim tuberculatis (tuberculis superioribus inferioribus majoribus), tibiis minutissime et parce spinulosis.

♀ long. 7 mm. A mare tantum differt chelis minoribus, tuberculis frontis et pedum gracilioribus, longioribus et magis regulariter seriatis.

Vallée de la Riv. Chatu, sur le vers. oriental de la chaîne du Sailügem (10/VI 1879).

Espèce très remarquable offrant le faciès d'un *Acantholophus*.

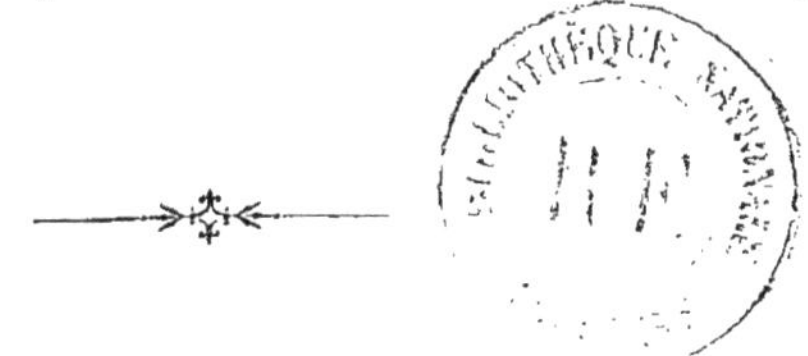

Напечатано по распоряженію Императорской Академіи Наукъ.

Апрѣль 1895. Непремѣнный Секретарь, Академикъ *Н. Дубровинъ*.

BIBLIOTHEQUE NATIONALE DE FRANCE

www.ingramcontent.com/pod-product-compliance
Ingram Content Group UK Ltd.
Pitfield, Milton Keynes, MK11 3LW, UK
UKHW012127240726
13965UKWH00005B/2028

9 782013 417402